AF317080

EXPÉRIENCES

NOUVELLES

SUR

LES PROPRIÉTÉS

DE

L'ALKALI VOLATIL

FLUOR.

Par M. MARTINET, Curé de Soulaines, près Bar-fur-Aube.

A PARIS,

DE L'IMPRIMERIE DE MONSIEUR.

M. DCC. LXXX.

EXPÉRIENCES

NOUVELLES

SUR LES PROPRIÉTÉS

DE

L'ALKALI VOLATIL FLUOR.

LES réfultats des expériences que j'ai faites avec l'*alkali volatil fluor*, me paroiffent être du plus grand intérêt pour le bien de l'humanité, puifque j'ai employé cet alkali dans différentes circonftances dans lefquelles il m'a complétement réuffi, & où il paroît qu'on n'en a pas encore fait ufage. Frappé des effets finguliers relatifs aux afphyxies, publiés dans les

A

journaux & papiers publics, & contredits par quelques autéurs, j'ai cru qu'il étoit très-important de pouvoir connoître le vrai par mes propres travaux.

J'ai commencé par préparer en abondance de l'*alkali volatil fluor*, en opérant felon les procédés de M. Sage (*a*); je l'ai enfuite combiné avec les différens acides; d'abord avec le vinaigre; & j'ai reconnu que le produit de cette combinaifon étoit un fluide très-peu fapide, avec un précipité noir qui n'eft autre chofe qu'un dépôt martial qui coloroit cette liqueur.

De-là j'ai paffé aux acides marin, nitreux & autres; &, après avoir obfervé leur action & les phénomènes qu'ils préfentent avec l'*alkali volatil*, j'ai vu que celui-ci les neutralitralifoit tous parfaitement, & qu'il formoit avec eux des fels neutres dont les uns font déliquefcens, & les autres cryftallifables. Ces fels n'avoient plus rien de leur première caufticité, ce que j'ai reconnu en les goûtant.

De tous les acides, celui qui m'a le plus intéreffé, c'eft l'acide vitriolique concentré,

---

(*a*) Expér. &c par M. Sage, troifième édition, pag. 3.

qu'on appelle *huile de vitriol*. On fait qu'en
mêlant cet acide avec un volume égal d'eau, il
réfulte de ce mélange un degré de chaleur qui
eſt ſupérieur à celui de l'eau bouillante ; mais
il n'y a rien de pareil à l'effervefcence qu'excite
avec cette ſubſtance l'*alkali volatil* : en en ver-
fant ſur cet acide, c'eſt comme ſi l'on verſoit
de l'eau ſur un métal fondu ; il ſe fait une violente & bruyante effervefcence, accompagnée
de vapeurs blanches fort épaiſſes ; & la combinaiſon de ces deux fluides étant faite, il en
réfulte le ſel ammoniacal vitriolique.

A l'égard de l'acide phofphorique combiné
avec l'*alkali volatil*, ayant lu dans les ouvrages
de M. Sage, que le feu étoit l'acide phofphorique très-particulièrement modifié, & que la
brûlure étoit due à ce même acide très-concentré & très-échauffé, en conféquence, pour
me convaincre de cette vérité, je n'ai pas
héſité de me faire une brûlure : pour cela, j'ai
appliqué un gros charbon très-ardent ſur le
dos de ma main gauche, & ſur la partie la plus
charnue entre le pouce & l'index ; je l'y
ai enduré le temps néceſſaire pour éprouver
une brûlure violente, telle que l'odeur de
chair grillée ſe faiſoit ſentir ; enſuite ayant
ſécoué le charbon qui a emporté avec lui la

plus grande partie de l'épiderme, j'ai appliqué auffitôt de l'*alkali volatil*, & j'ai fenti, par la ceffation de la douleur, qu'il neutralifoit parfaitement l'acide phofphorique igné. Cette fenfation m'a donc prouvé d'une manière indubitable, que cet acide très-concentré, en s'emparant de l'humidité du tiffu animal, a produit la chaleur qui a détruit le même tiffu, &, qu'étant neutralifé par l'*alkali volatil*, il n'avoit plus de principe deftructeur : la preuve en eft qu'il n'a pu pénétrer plus avant, ni y faire aucun ravage ; &, ce que j'ai fingulièrement admiré, c'eft qu'il n'y a eu aucune *fermentation* dans les humeurs adjacentes, par conféquent point d'inflammation ; & par ce moyen rien de la plaie n'a pu paffer à la putréfaction, puifqu'elle ne m'a pas donné le moindre atôme de pus. La plaie eft reftée belle, & bientôt elle a été recouverte d'un nouvel épiderme.

Je fus fi fatisfait de cette expérience, que quelques jours après je me fis une feconde brûlure à côté de la première, non pas avec un charbon ardent, mais avec l'huile de vitriol. Trois gouttes de cet acide, verfées fur la main, & par deffus autant d'*alkali volatil*, firent toute l'affaire. J'endurai patiemment l'effet de ces deux fluides, après lequel j'obfervai, 1°. que la dou-

leur n'avoit pas été fi vive que dans la première brûlure ; 2°. qu'elle avoit ceffé en même
temps que la fermentation des deux fluides,
tandis que dans la première elle n'avoit ceffé
que par l'application de l'*alkali volatil;* 3°. l'en-
droit de la peau, où s'étoit faite la combinaifon, me parut détruit; il étoit d'un blanc
mat, & de la largeur d'une pièce de douze
fous.

Je reftai occupé à contempler un mal qui
ne me faifoit aucune douleur, jufqu'à ce qu'enfin, neuf à dix minutes après, je commençai
à éprouver des cuiffons. Je m'apperçus que
tout le tour de la brûlure devenoit rouge,
calleux & enflammé; je ne perdis point de
temps à raifonner pour favoir fi cet accident
étoit dû à l'acide animal qui entroit en fermentation. J'appliquai auffitôt une compreffe
imbibée d'*alkali volatil;* tout fut appaifé fur
le champ, & je ne reffentis enfuite aucune
douleur ; qui plus eft, la peau, qui la
veille me paroiffoit détruite, fe trouva le lendemain prefque régénérée, &, comme dans
la première brûlure, il n'y eut aucune fuppu-
ration.

Que de réflexions fur la nature de ces deux
brûlures & fur leurs principes communs, mais

différemment modifiés ! Dans la première ,
c'eſt l'acide phoſphorique très-concentré &
très-échauffé du feu combiné avec le phlogiſtique, qui a agi ; dans la ſeconde, ne ſeroit-ce
que le phlogiſtique ſeul , dégagé par la violente
combinaiſon de l'acide vitriolique avec l'*alkali
volatil ?* ou bien ſeroit-ce ce même phlogiſtique combiné avec l'acide animal de la peau ,
puiſque l'acide vitriolique neutraliſé par l'alkali , n'a pu y avoir de part? Que de réflexions
en même temps ſur les fluides de notre économie animale & ſur leurs combinaiſons ! Mais
je ne me livrerai pas à ſonder cet océan.

Je ne dirai rien ſur un eſſai que j'ai fait
encore ſur ma langue avec cet acide vitriolique combiné avec l'alkali , parce que j'en ai
obtenu les mêmes phénomènes & la même ſa-
tisfaction que des précédentes brûlures.

Il étoit très-intéreſſant pour moi de me convaincre , par l'impreſſion que j'ai éprouvée par
mes ſens & ſur mes organes , de cette impor-
tante vérité ; ſavoir, que l'*alkali volatil fluor*
neutraliſe le principe acide fermentatif par-
tout où il le rencontre , dans nos humeurs
comme hors de nos humeurs , & que par-tout
il annihile ſon action deſtructive.

Le venin de la vipère & le virus de la rage

ne peuvent être des acides ni plus forts ni plus actifs que l'acide phosphorique qui émane des corps en combustion, & qui, en détruisant le tissu animal, constitue la brûlure. Or, si l'*alkali volatil* neutralise dans nos humeurs & dans nos organes cet acide le plus puissant de la nature, ainsi que mes sens me l'ont démontré, il doit donc nécessairement en agir de même dans la morsure de la vipère & de l'animal enragé, &, à plus forte raison, remplir la même indication sur les acides fermentatifs moins forts.

L'analyse des différens remèdes qui ont été employés avec succès dans la rage, & l'éthiologie de la manière dont ils agissent, font connoître qu'ils ont pour base l'*alkali volatil*, ou que leur effet est de développer l'*alkali volatil* des fluides des animaux, & que c'est lui qui détruit le virus hydrophobique; l'expérience fait connoître qu'il ne faut que la plus petite quantité d'alkali pour y parvenir, de même que pour remédier au venin de la vipère. Cette théorie se trouve confirmée par des expériences renvoyées à la fin de ce mémoire.

D'après ces observations, je n'ai pas hésité un seul instant à employer l'*alkali volatil* dans tous les cas indiqués dans les papiers publics, lorſqu'ils ſe ſont rencontrés; j'ai eu la ſatisſaction d'en obtenir un ſuccès complet, & j'ai cru devoir en uſer dans des circonſtances nouvelles.

Une cruelle dyſſenterie a régné dans ma paroiſſe pendant preſque tout l'automne dernier. De quatre-vingts perſonnes qui en ont été attaquées, ſept ont ſuccombé; je ne comprends pas dans ce nombre deux octogénaires, il leur falloit finir par quelque accident. Cette épidémie avoit un genre de malignité ſi opiniâtre & ſi ſingulier, que ceux qui ont été traités avec le régime & les remèdes indiqués, n'ont pas été plus avancés que ceux qui s'y ſont refuſés. Il a fallu aux uns & aux autres vingt-cinq à trente jours pour atténuer le principe morbifique, & autant pour la convaleſcence. Un flux de ventre, des douleurs d'entrailles, des ſelles très-ſanguinolentes, & un grand abattement avec peu de fièvre, étoient les caractères de cette maladie.

Tous mes malades m'ayant beaucoup occupé, je contractai le principe morbifique, & j'eus mon tour vers la fin d'octobre. La maladie s'annonça par des tranchées vives & d'autres ſymptômes. Ce fut alors qu'il me fallut raiſonner ; mais quels raiſonnemens ! que de foibles conjectures ! J'interrogeai les ſens, & le ſentiment de mes douleurs me fit connoître qu'elles étoient l'effet d'une cauſe âcre & mordicante qui agiſſoit dans les inteſtins, & dont les fréquentes évacuations n'étoient que le produit de corroſions. Imaginant que ce ne pouvoit être qu'un principe acide développé, j'en conclus qu'il falloit le neutraliſer par les alkalis ; &, comme on n'en connoît point de plus puiſſant dans la nature que le *fluor ammoniacal*, j'en étendis douze à quinze gouttes dans un gobelet d'eau fraîche que j'avalai.

Je ne fus pas long-temps ſans m'appercevoir de la diminution des douleurs ; une ſueur ſalutaire me ſurvint, & une heure après les douleurs ceſſèrent entièrement. Le lendemain je recommençai à prendre la même doſe ; &, comme le mal n'avoit pas eu le temps de faire beaucoup de ravage, un léger purgatif acheva le ſurlendemain ma guériſon. Il eſt bien fâcheux que je n'aie pas ſu employer plus tôt ce ſpécifique.

Quelque temps après ma guériſon, je fus appelé pour une femme âgée de ſoixante & deux ans ; elle étoit au cinquième jour de cette maladie. Je me plaignis beaucoup de n'avoir pas été averti plus tôt : son état étoit si cruel, ses tranchées si vives & ses spasmes si fréquens, que je craignis de n'avoir pas assez de temps pour lui administrer les derniers sacremens. Je préparai promptement le même spécifique que j'avois pris ; j'eus bien de la peine à le lui faire avaler ; j'entendis ensuite sa confession qu'elle fit comme elle put, puis je courus vîte à l'église.

De retour dans la maison de la malade, je trouvai du calme ; elle reçut ses sacremens avec la plus grande tranquillité d'ame & de corps ; &, après les dernières paroles de consolation que je lui dis avant de sortir, je lui demandai si elle sentoit toujours ses tranchées. Elle répondit : Non, Monsieur. Elle rendit témoignage, devant tous les assistans, au remède que je lui avois donné, & m'en remercia beaucoup. Le soir je retournai chez la malade ; je la trouvai fort tranquille, ne se plaignant plus de ses intestins ; je lui donnai une seconde dose qu'elle avala avec avidité ; je répétai le lendemain, & à cette époque commença sa convalescence qui, à la vérité, fut longue, parce que le principe morbifique avoit fait de grands ravages, & parce que la nature eut beaucoup à réparer.

Après des fuccès auffi fenfibles de l'*alkali volatil*, je n'ai pas héfité à le donner à un jeune homme tombé dans une rechute de la même maladie, & j'ai vu avec la plus grande fatisfaction qu'il avoit parfaitement atténué un refte du principe morbifique qui avoit recommencé à agir.

Mais ce qui a mis le comble à ma fatisfaction, le voici. La femaine des fêtes de Noël dernier, la femme d'un manouvrier vint un foir toute éplorée chez moi, me dire que fon mari *faifoit le fang tout pur; qu'il ne pouvoit durer du ventre, & que j'avois des fecrets pour cela:* ce font fes termes. Je la raffurai; j'emplis une bouteille d'un demi-fetier d'eau, je verfai par deffus quinze gouttes d'*alkali volatil*, & la lui donnai pour la faire prendre à fon mari, lui promettant que le lendemain j'irois le voir : mais le lendemain cet homme ne m'en donna pas le temps; il me prévint, & vint lui-même me demander de l'eau que je lui avois donnée la veille; il me dit avec la plus grande reconnoiffance, qu'il n'avoit fenti aucune douleur depuis, & qu'il ne faifoit plus de fang. Néanmoins le dévoiement exiftoit; mais, comme il n'y avoit plus de déchiremens dans les entrailles, il ne devoit plus s'y produire de fang. Je lui fis prendre encore un bon go-belet d'eau fraîche, dans laquelle je verfai, comme la veille, quinze gouttes d'*alkali vo-latil*; je lui en préparai dans une bouteille pour le lendemain & jours fuivans, au cas de befoin; &, quatre jours après, n'ayant point de fes nouvelles, je fus pour le voir : mais je ne le trouvai point; il étoit à fon travail.

Ayantvifité l'Hofpice de Charité de madame Néker, cette illuftre protectrice des pauvres & bienfaitrice de l'humanité, dont le nom paffera avec reconnoiffance à la poftérité, la fœur apothicaire m'a dit qu'elle avoit employé l'*al-kali volatil* dans la dyffenterie, avec le plus grand fuccès.

Le 31 janvier dernier, la femme d'un char-pentier, âgée de trente-fept ans, vint fur le foir me prier de lui enfeigner quelque remède pour fon état, que voici.

Cette femme étoit courbée comme un cer-cle; fes bras l'étoient auffi, & à peine pou-voit-elle porter fes mains à fa bouche; elle étoit dans cet état depuis cinq jours; elle fouf-froit des douleurs inouies, fur-tout la nuit, par conféquent point de fommeil : elle fe fai-foit habiller par trois petits enfans; mais ce qu'il y avoit de plus affligeant, elle allaitoit très-chétivement un quatrième enfant de trois mois ; un sein étoit tari tout-à-fait depuis quinze jours, & l'autre donnoit très-peu.

Sur cette déclaration, me voilà bien embarrassé ; mais comment renvoyer une telle affligée sans soulagement, & sans pouvoir l'adresser à d'autres ? Cela est trop dur. Que fais-je ? Je me rappelle tous les phénomènes que j'avois vus du lait épanché ; je considère cette substance passée dans le torrent de la circulation des humeurs, comme devant s'y décomposer par les progrès de la fermentation ; j'y vois les principes de cette même substance qui étoit parfaitement neutre, absolument défunis : l'acide animal se trouve à nu, & porte son action sur le système nerveux qu'il irrite. D'après ce point de vue, je donnai à cette femme une bouteille contenant un demi-setier d'eau, dans laquelle je versai vingt à vingt-cinq gouttes d'*alkali volatil* ; je lui recommandai d'en prendre la moitié en se couchant, & de boire le reste le lendemain, si elle en sentoit du soulagement.

Le lendemain matin, en allant visiter mes autres malades, j'entrai chez cette femme. Eh ! quelle joie pour moi de la trouver auprès de son feu, environnée de ses petits enfans !

Quand elle me vit, elle ne ſut comment s'ex‑
primer pour témoigner ſa reconnoiſſance. Je
lui fis raconter comment elle s'étoit trouvée du
remède, & voici ſes paroles : *Monſieur, au lieu
de prendre la moitié de ce que vous me donnâtes
hier au ſoir, je l'ai pris tout entier ; j'ai ſenti
vendant une bonne heure comme des fourmis dans
out mon corps ; je me ſuis endormie inſenſible‑
ment, & je ne me ſuis réveillée ce matin qu'à
ſept heures, aux cris de mon enfant. Je lui ai
préſenté le ſein, & il a bu abondamment. Mais,
Monſieur*, ajouta-t-elle avec un cœur pénétré
de reconnoiſſance, *le lait eſt revenu à mon autre
ſein, je me ſuis habillée toute ſeule, & je ne
ſens plus de mal.* Depuis cette époque, la
mère eſt bien portante, & l'enfant très-bien
nourri.

Un ſi heureux & ſi prompt ſuccès n'eſt donc
dû qu'à l'*alkali volatil* qui a neutraliſé le principe acide qui contraƈtoit les nerfs ; lui ſeul
a donc remis toutes les liqueurs dans leur
équilibre.

On trouvera encore à la fin de ce Mémoire
un fait analogue à celui-ci , dans lequel la
guériſon a été également complette.

J'emploie encore l'*alkali volatil* pour les
maux de dents ; j'en verſe une ou deux goúttes

pures dans une cuiller; je porte avec attention cette liqueur, par le moyen d'un petit
pinceau, fur la dent malade. Il fe paffe deux
chofes; ou bien la dent eft cariée au point que
les petits nerfs font à nu, ou bien une pituite
âcre & mordicante eft arrêtée dans l'alvéole:
dans le premier cas, l'alkali ôte au nerf fa
fenfibilité; dans le fecond, il neutralife cette
pituite acide qui corrode la dent. Le phéno-
mène qu'on remarque dans cette opération,
eft une diftillation de cette même pituite, dont
les parties font fi cohérentes, qu'elles filent
quelquefois jufqu'à terre, fans fe rompre. L'application de l'alkali ne guérit pas la dent, mais
elle fufpend la douleur jufqu'à deux à trois
mois; & alors, quand elle revient, on recom-
mence.

L'*alkali volatil* étendu dans de l'eau, me
réuffit très-bien pour les dartres, éryfipèles ou
feu facré; il les éteint en très-peu de temps: la
preuve en eft que les humeurs qui étoient en-
flammées dans le tiffu cellulaire de la peau,
blanchiffent; &, bien loin d'être réforbées
dans le fang, la nature s'en débarraffe par
une exfudation caufée par l'alkali qui a formé
la détente du tiffu de la peau, auparavant fi
aride & fi racornie.

C'eſt un axiome en médecine , que les contraires ſe guériſſent par les contraires. Lors
donc qu'on a à combattre un mal qui a pour
principe une humeur brûlante & cauſtique ,
il faut chercher dans la nature le ſpécifique
qui éteigne & annihile ſon aƈtivité : or , il n'y
en a pas de plus puiſſant que l'*alkali volatil.*
D'après ce principe , j'ai entrepris la cure d'un
cancer.

Au commencement de janvier de la pré-
ſente année , la femme d'un tiſſerand de ma
paroiſſe vint me conſulter au ſujet de ſa fille
âgée de trente ans : elle avoit déja conſulté
depuis ſix mois , très-inutilement , différens
chirurgiens du pays ; elle me déclara que ſa
fille avoit une tumeur au ſein droit, qui l'in-
commodoit infiniment, juſqu'à l'empêcher de
travailler. Au rapport de la mère, cette tumeur conſidérable étoit d'un rouge pourpré.
Cette fille ſe plaignoit de chaleur & d'une douleur brûlante ; quelquefois même cette douleur étoit ſi lancinante , qu'elle ſe rouloit à
terre : il ſortoit de ſon ſein une humeur âcre
& fétide. Sur ces ſymptômes, je n'eus pas de
peine à reconnoître le *cancer,* & je procédai
de la manière ſuivante.

Je verſai plein une cuiller d'*alkali volatil*
dans

dans une pinte d'eau ; je recommandai à la mère d'imbiber de cette eau une compreffe qui pût couvrir le fein , de la changer deux fois le jour , & de me donner des nouvelles deux fois la femaine. En moins de quinze jours cette fille fentit un très-grand foulagement. La tumeur s'amollit, la chaleur s'éteignit, les douleurs aiguës cessèrent , & elle fut en état de travailler. Ce traitement eft continué depuis quatre mois ; la guérifon eft prefque tout-à-fait complette ; dans peu il n'y paroîtra plus.

Je vais rendre compte des effets de l'*alkali volatil*, relativement aux afphyxies.

Lors de la publication de l'ouvrage (1ère & 2de éditions) de M. Sage fur les Expériences propres à faire connoître que l'*alkali volatil fluor* eft le remède le plus efficace dans les afphyxies , j'en avois déja reffenti quelques atteintes, fans favoir au jufte ce que c'étoit. L'ouvrage que je viens de citer m'inftruifit fur ce fujet. J'habitois une maifon nouvellement conftruite, & dont les murs n'avoient pas encore exfudé leur humidité ; je fus convaincu par l'écrit de M. Sage, que je refpirois de l'air méphitique, & qu'il étoit la caufe des anxiétés, des efpèces de ftupeurs & des engourdiffemens que j'éprouvois. Je n'héfitai point à faire ufage

B

de l'*alkali volatil*; j'en pris la dofe indiquée, étendue dans fuffifante quantité d'eau ; j'en refpirai fouvent ; je laiffai le flacon ouvert dans ma chambre, & depuis cette époque je n'ai reffenti aucune incommodité.

Ayant eu connoiffance de l'ouvrage de M. Bucquet, fur la manière dont les animaux font affectés par différens fluides aériformes, méphitiques, & fur les moyens de remédier aux effets de ces fluides, &c. & ayant vu une éthiologie fort différente de ce que j'avois lu précédemment, j'imaginai de tenter des expériences pour m'affurer par moi-même de quelle manière les gas ou airs méphitiques agiffoient fur l'économie animale, & pouvoir connoître quel pouvoit être le meilleur fpécifique dont on doit ufer dans les accidens qu'ils occafionnent, & enfin, pour m'affurer fi l'*alkali volatil* n'agiffoit que comme fimple ftimulant, ou s'il étoit vrai qu'il pût parfaitement neutralifer l'acide fuffoquant.

Les expériences dont je vais rendre compte m'ont démontré, 1°. que l'air qui fort des poumons eft acide ; 2°. qu'il eft acide méphitique; 3°. que les gas acides pénètrent les poumons ; 4°. que l'*alkali volatil* neutralife dans cet organe ces mêmes gas acides, & rétablit la respiration, & que par conséquent il n'agit pas comme simple stimulant; 5°. que l'expérience des deux bocaux pleins du gas acide, rapportée par M. Sage, prouve parfaitement la doctrine ci-dessus.

D'abord, pour prouver que l'air qui sort des poumons est acide, conformément à ce qu'a écrit M. Sage, & à ce qui avoit été observé par le docteur Démeste dans la grotte du chien, j'ai soufflé avec un chalumeau dans la teinture de tournesol; la vapeur des poumons la rougit : donc cet air sorti des poumons est imprégné d'acide. Mais est-il devenu un air absolument délétère qui ne mérite plus le nom d'air, & qui fait périr les animaux que l'on y plonge ? c'est ce dont il falloit m'assurer par d'autres expériences.

Pour prouver donc que cet air est méphitique, absolument délétère, & ne mérite plus le nom d'air, j'ai mis un récipient plein d'eau, renversé sur la planche de la cuve hydro-pneumatique; j'ai soufflé avec un tube courbé, jusqu'à ce que l'eau en fût sortie; ayant ensuite retourné le récipient, j'y ai introduit une bougie allumée qui s'y est éteinte aussitôt, comme si on l'eût descendue dans l'eau; j'ai recommencé, & j'y ai plongé des animaux qui y ont péri auſſi promptement que dans le gas acide de la craie ou de la fermentation vineuſe : donc l'air ſorti des poumons eſt chargé d'acide méphitique, & par conſéquent il pourroit y avoir bien plus de danger que d'avantage à recourir à l'inſufflation humaine pour rappeler à la vie les perſonnes ſuffoquées. J'ai fait cette expérience avec pluſieurs perſonnes qui elles-mêmes remplirent le bocal de l'air de leurs poumons, & les mêmes phénomènes eurent également lieu.

Ceux qui ont cru (Bucquet, pag. 56.) que les hommes & les animaux ſuffoqués n'avoient pas reſpiré le fluide méphitique , *qui*, ſelon eux, (*idem* pag. 58) *ne peut pénétrer l'intérieur des poumons*, diſent tout ſimplement *qu'ils ont péri faute de reſpiration, & de la même manière que s'ils euſſent été dans le vuide ;* & ils apportent pour toute preuve de leur aſſertion, d'une part, les efforts violens que les ſuffoqués font pour inſpirer ; d'autre part, l'état de leurs viſcères après la mort, qui, ſelon eux, paroiſſent plus petits & gorgés de ſang. Tout cela eſt fort aiſé à dire ; je trouve qu'il eſt auſſi facile de dire tout le contraire, & voici comment je le dis.

Les animaux ſuffoqués ont reſpiré le fluide

méphitique, & ils n'ont péri que parce que cet acide délétère a supprimé leur respiration. S'ils eussent péri dans le vuide, ils n'eussent péri que faute de l'air atmosphérique qui leur auroit manqué pour respirer; mais dans le cas de la suffocation, je le répète, ils n'ont péri que parce qu'ils ont respiré un fluide délétère qui a arrêté leur respiration. Quant aux efforts violens qu'ils disent que les hommes & les animaux suffoqués font pour inspirer, je suis fondé à dire que ces efforts qu'ils font ne font pas tant pour inspirer d'abord le véritable air, que pour expirer le fluide délétère, afin de pouvoir y substituer le vrai air, principe vital. Pour ce qui est du moindre volume des poumons dans les suffoqués, je veux bien le croire; mais cela ne prouve rien, parce qu'on ne peut tirer aucune conséquence de la comparaison de l'état des poumons d'un homme mort de suffocation, d'avec l'état des poumons d'un homme mourant de la même cause; car ces viscères étant devenus le siège d'un cruel combat entre les efforts de la nature & la mort, on voit bien ensuite le dégât, mais il n'y a aucun moyen de reconnoître comment tout s'y est passé.

Pour me convaincre que l'acide méphitique

connu fous le nom de *gas* ou *air fixe*, pénètre les poumons, j'ai interrogé mes fens par un commencement d'afphyxie que je me fuis procurée.

Pour obtenir une indication qui ne me fût pas fufpecte, je me fuis fervi du foufre en combuftion, & j'en ai afpiré la vapeur par la bouche (*a*), en obfervant,

1°. L'intumefcence de mes poumons à mefure que l'acide fuffocant y a pénétré, & en même temps la détumefcence fubitement déterminée par une forte toux; affurément, fi mes poumons euffent refufé l'entrée à ce fluide, ils n'euffent point fubi d'intumefcence.

2°. J'ai reconnu que tous mes efforts dans cette action avoient été, non pas pour refpirer d'abord, mais pour expirer le fluide méphitique, afin qu'il fît place très-promptement à l'air atmofphérique.

3°. Qu'il eft impoffible que la toux fe faffe fans expiration & détumefcence fimultanée des poumons, & que la faculté de touffer eft un puiffant moyen que la nature nous donne dans

---

(*a*) Il faut boucher le nez, de peur de bleffer les nerfs olfactoires.

les circonstances d'une infinité de légères asphyxies que nous éprouvons sans le savoir.

4°. Qu'il ne faut à l'organe de la toux
qu'une certaine mesure de stimulant acide
pour agir, au-delà de laquelle il se trouve
lui-même asphyxié; voilà pourquoi, dans
les asphyxies fortes, causées par des acides
aériformes suffisamment concentrés, il n'y a
point de toux; alors le sujet est en grand
danger de suffocation, si on n'y remédie promptement.

5°. D'après plusieurs expériences qu'il se-
roit trop long de détailler ici, j'ai observé que
les poumons étoient le plus puissant organe
de la transpiration insensible : l'air qui y entre
à chaque instant, n'en sort aussi à chaque
instant qu'avec une charge, bien supérieure à
son poids, de substances hétérogènes que la
nature lui donne continuellement à enlever;
voilà pourquoi il est méphitique, & ne mérite
plus le nom d'air : or, si un homme respire un air
déja méphitique par lui-même, ce fluide ne
pouvant plus se charger dans les poumons des
matériaux que la nature lui présente à enlever,
celle-ci reste accablée sous son poids doublé
par un poids étranger ; de-là la suffocation.

6°. Dans mon asphyxie commencée par

l'efprit fulfureux volatil, j'ai fenti que cet acide très - fuffocant étoit en même temps très-pénétrant & très-irritant; j'ai éprouvé une forte toux, & une commotion fur tout le genre nerveux; &, comme j'avois afpiré le foufre, j'ai afpiré bien vîte l'*alkali volatil* qui, en pénétrant toute la capacité de mes poumons, y a mis le calme en neutralifant l'acide fuffocant, & a rétabli les chofes dans leur premier état.

L'acide fulfureux & l'*alkali volatil*, voilà deux irritans bien forts. J'ai éprouvé que les effets de ces deux ftimulans étoient en raifon inverfe : l'un m'a donné la toux, & l'autre me l'a ôtée; & je refte très-convaincu de ce que dit le docteur Démefte dans fa onzième Lettre; favoir, que l'*alkali volatil* produit fur le genre nerveux une fenfation, ou, fi on veut, une irritation précifément oppofée à celle que l'acide méphitique a caufée.

7°. Après avoir afpiré l'*alkali volatil*, j'ai remarqué que les premières dilatations de mes poumons avoient été beaucoup plus fortes que d'ordinaire; & il me fembloit que la nature fe hâtoit pour fe remettre au courant de fon travail, & regagner le petit retard que lui avoit occafionné ma légère afphyxie.

8°. Après m'être pleinement convaincu que l'*alkali volatil* n'a pas feulement la propriété d'un ftimulant, mais encore celle de neutralifer dans nos humeurs, comme hors de nos humeurs, les agens acides fermentatifs, & dans nos organes, le fluide méphitique, il me refte à examiner l'expérience des deux bocaux pleins du gas acide. Pour cela, j'ai rempli un bocal de la vapeur de mes poumons; j'y ai verfé enfuite de l'alkali; puis, ayant bouché avec une veffie mouillée, & agité le vafe, j'ai obtenu les mêmes phénomènes qu'avec le gas acide de la craie; & la dépreffion de la veffie m'a indiqué le vuide formé par la combinaifon de la vapeur méphitique avec l'*alkali volatil*: donc, fi l'*alkali volatil* neutralife l'acide méphitique de mes poumons, entré dans un bocal, il doit auffi neutralifer l'acide méphitique entré dans mes poumons.

Je crois avoir fuffifamment prouvé l'entrée des fluides aériformes dans les poumons; & il n'y a perfonne qui ne puiffe s'en convaincre par fa propre expérience, je ne dis pas avec l'acide fulfureux, comme j'ai fait, mais avec des fluides moins méphitiques. Il n'y a perfonne, par exemple, qui ne puiffe refpirer de la fumée plus ou moins épaiffe, & qui ne fente parfaitement que cette fumée pénètre la capacité des poumons, puifqu'ils font intumefcence avec elle.

Ceux qui n'accordent point aux poumons la faculté de fe laiffer pénétrer par les acides méphitiques , n'apportent pour toute raifon que la fenfibilité de cet organe, (Bucquet, pag. 59) *qui ne peut fouffrir une feule goutte d'eau fans être tourmenté de convulfions.* Mais s'ils faifoient attention à la différence qui fe trouve entre une goutte d'eau en maffe , & une goutte d'eau réduite à l'état de vapeurs, ils verroient que le fluide aqueux dans ce dernier état fe laiffe refpirer, mais non pas dans le premier ; ils verroient que les fubftances de la nature dans leur état ordinaire , font, fi je puis me fervir du terme, inafpirables ; mais, lorfqu'elles parviennent à l'état aériforme , elles deviennent afpirables, & c'eft par cette raifon-là même que la plupart deviennent fi nuifibles.

Je me fuis donc convaincu par mes propres expériences, de ce que M. Sage a avancé ; (pag. 39) favoir, » que l'air qui fort du pou-
» mon par l'expiration, eft un acide délétère
» qui ne mérite plus le nom d'air, parce qu'il
» eft chargé d'un acide capable de produire
» l'afphyxie, ou la mort même ; que par con-

» féquent on s'eft livré à une méthode plus
» dangereufe qu'utile, en recourant à l'infuf-
» flation humaine pour rappeler à la vie les
» perfonnes fuffoquées. »

Cet auteur explique parfaitement (pag. 42)
» comment dans les afphyxies l'air méphitique
» pénétrant le poumon, arrêtoit les fonctions
» de ce vifcère, & comment l'*alkali volatil*,
» en fe combinant avec cet acide, doit le neu-
» tralifer, & former un mixte qui n'a plus
» rien de malfaifant; alors l'accès de l'air ex-
» térieur ne trouvant plus d'obftacle, le fpafme
» doit ceffer au même inftant. » Et, d'après mes
expériences que tout le monde peut répéter,
on ne peut refufer aux poumons la propriété
de fe laiffer pénétrer par les fluides aériformes,
& on ne peut douter que l'*alkali volatil* n'a-
giffe non-feulement comme ftimulant, mais
encore qu'il n'ait la propriété de fe combiner
avec l'acide fuffocant; que par conféquent il
eft le remède le plus efficace dans les afphyxies.

Copie de la description que M. DE NOGUÈRES, Curé de Paſſy-les-Paris, a donnée du traitement par lequel il a guéri de la rage le nommé Olivier (a).

» LE nommé Olivier, jardinier à Paſſy-
» les-Paris, voulant faire manger de force un
» chat, l'année dernière 1777, ſur la fin du
» mois d'août, fut mordu au doigt du milieu,
» à la première phalange, par cet animal qui
» refuſoit, depuis pluſieurs jours, de manger
» & de boire. La morſure parut d'abord à ce
» jardinier ſans conſéquence ; elle ſe ferma ,
» mais les chairs étoient encore rougeâtres,
» lorſqu'environ une vingtaine de jours après
» l'accident , on avertit le curé de cette pa-
» roiſſe , que ſon premier chantre (c'eſt le jar-
» dinier dont on vient de parler) donnoit à
» ſa femme les plus vives inquiétudes ; qu'il
» ne dormoit plus depuis pluſieurs jours ; qu'il
» éprouvoit toutes les nuits des agitations vio-
» lentes , pendant leſquelles il déliroit ſenſi-
» blement. Le ſieur curé, peut-être trop frappé

(*a*) On a remis, le 10 juillet 1778, une copie de cette Lettre à M. le Lieutenant de Police.

» de l'image d'un enragé qui avoit eu plusieurs
» accès dans la même maison, & qui venoit
» de mourir de cette cruelle maladie à l'Hôtel-
» Dieu, soupçonna que ce pouvoit être une
» naissance de rage; il l'envoya chercher, &
» il crut appercevoir dans ses yeux un déran-
» gement qui fut pour lui un nouveau motif
» de crainte. Vous êtes malade, lui dit-il, mais
» soyez tranquille; je connois la cause & le ca-
» ractère de votre maladie, je vous guérirai;
» oui certainement, je vous guérirai. J'ai, de-
» puis trois jours, une liqueur d'une invention
» nouvelle, qui vous ôtera le mal comme avec
» la main; elle est éprouvée; elle a déja opéré
» des guérisons surprenantes ; & M. Le Ray
» de Chaumont, ancien Intendant des inva-
» lides, que vous connoissez, & qui m'en a
» fait le cadeau, est si persuadué de son effi-
» cacité, qu'il en a envoyé en Touraine à tous
» les curés de ses terres.

» Ce discours inspira de la confiance au
» malade : le curé de Passy profita de ce mo-
» ment favorable pour acquérir plus de lumiè-
» res sur son état; il versa de l'eau en sa pré-
» sence dans un verre qu'il remplit aux deux
» tiers, & à laquelle il ajouta quinze gouttes
» d'*alkali volatil fluor*, levant de temps en

» temps les yeux fur Olivier ; & le mouve-
» ment alternatif des mufcles de fon vifage
» qu'il apperçut fenfiblement, & qui formoit
» de légères convulfions, l'autorifa à croire
» qu'il y avoit un commencement d'hydro-
» phobie. Pour s'en affurer : Vous boirez bien
» ce verre d'eau, lui dit-il en riant, quoique
» chantre de paroiffe. Pourquoi pas, répliqua
» Olivier ? cependant je boirois avec bien plus
» de plaifir un verre de vin. Il le but en
» effet, mais en grimaçant, & laiffant apper-
» cevoir qu'il fe faifoit violence. Le fieur curé,
» toujours perfuadé qu'il y avoit des fymptô-
» mes marqués de rage, lui enjoignit de retour-
» ner le lendemain au presbytère ; ce qu'il fit
» en prenant l'*alkali volatil. Si vous faviez,*
» *Monfieur,* lui dit-il en entrant, *oh ! tenez,*
» *cette eau eft bien merveilleufe ; après en avoir*
» *bu hier, je fentois comme çà quelque chofe,*
» *comme d'un baume qui couroit dans mon corps.*

» Vous voilà guéri, lui dit alors le curé :
» je pourrois me difpenfer de vous en donner
» davantage ; cependant, pour plus grande fû-
» reté, vous en prendrez encore aujourd'hui
» & les deux jours fuivans ; mais il n'y aura
» dans l'eau que vous allez prendre, que douze
» gouttes, je n'en mettrai demain que dix, &

» après-demain huit ; ce qui s'exécuta, & le
» malade a toujours joui depuis de la meilleure
» fanté. »

Je fouffigné, certifie l'expofé ci-deffus
véritable. A Paffy, dans la maifon pres-
bytérale, ce 7 août 1778.

De Noguères, Curé de Paffy-les-Paris.

*Extrait d'une Lettre de M. le Marquis
de Simiane, datée d'Iffoire en
Auvergne, du 18 novembre 1779.*

» Il y a environ quinze mois qu'un chien
» enragé, d'une grande taille, fit des ravages
» confidérables dans les environs de la petite
» ville de Saint-Germain-Lambron, fituée en
» Auvergne à deux lieues d'Iffoire. Ce chien
» paffa à Saint-Germain ; il mordit grièvement
» au bras une femme qu'il rencontra. A peu
» de diftance de cette femme, un homme ro-
» bufte, de l'âge d'environ quarante ans, ap-
» puyé fur le parapet d'un pont, fut auffi mordu
» au genou ; cette morfure lui fit trois plaies
» affez profondes. Cet homme avoit été en-
» voyé chez un des meilleurs chirurgiens du
» pays, pour le guérir d'une plaie à la main ,

» occafionnée par la chute des pierres dans une
» démolition ; le deffus de la main, & les qua-
» tre premiers doigts étoient découverts juf-
» qu'aux os ; plufieurs vaiffeaux étoient coupés ;
» cependant cette plaie bien foignée fe gué-
» riffoit, lorfque le fecond accident arriva à
» cet homme. Il a été traité avec l'*alkali fluor*,
» de la manière qui a été indiquée par M.
» Sage, & il eft parfaitement guéri. On a ajouté
» à l'ufage de l'*alkali volatil*, celui du mercure
» doux. Dans l'inftant que cet homme prenoit
» intérieurement l'*alkali fluor*, il fe faifoit une
» telle expanfion dans fon fang, qu'il brifoit
» les cicatrices des vaiffeaux déja prefque fer-
» més, & inondoit les plaies de fa main par
» des hémorragies nouvelles.

» La femme qui avoit été mordue avant cet
» homme, ne fut pas affez heureufe pour être
» traitée de même ; elle fe confia aux foins
» d'un particulier de fon voifinage, qui prétend
» guérir ces terribles maux, au moyen d'un
» remède préparé avec de la poudre d'écailles
» d'huitres, mêlée dans une omelette. Ce re-
» mède eft très-accrédité dans cette province,
» & je crois que cette erreur a fait plus d'une
» victime. A fon retour chez elle, cette femme
» eut différens accès de fièvre-rage qui l'ont
» conduite

» conduite au tombeau. L'ouvrage de M. Sage
» fur cette maladie, & fur l'ufage de *l'alkali*
» *volatil*, n'eft pas affez répandu; il feroit en-
» core néceffaire que le public fût averti que
» cet alkali, pris fans mélange, & en grande
» dofe, eft capable de donner la mort la plus
» prompte. Deux chirurgiens d'un petite ville,
» appelés au fecours d'un très-galant homme
» qui avoit eu plufieurs attaques, versèrent
» dans la bouche de cet infortuné, un flacon
» entier de *l'alkali fluor* : dans l'inftant, les
» lèvres, la langue, le palais, furent brûlés,
» & noircirent fubitement ; l'eftomac & les
» entrailles éprouvèrent des convulfions terri-
» bles ; il mourut en quatre minutes.

*Lettre du fieur Havade, élève de
M. Bucquet, par laquelle il rend compte
des bons effets qu'il a retirés de l'*alkali
volatil fluor *dans la paroiffe de Murat
en Auvergne.*

MONSIEUR,

» Dans le mois d'août 1778, un homme
» âgé d'environ foixante-deux ans, étant à fau-
» cher au pied du mont du Cantal, fut mordu

» par une vipère. Ce bon vieux, rempli de cou-
» rage, après avoir fait une forte ligature à fa
» jambe, vint me trouver à une lieue de-là;
» quand il arriva, il l'avoit d'un rouge livide
» & dure comme ma table. J'ôtai vîte la li-
» gature, en lui demandant s'il vouloit la faire
» gangrener; j'appliquai fur toute fa jambe &
» fon pied, en manière de cataplafme, quel-
» ques gouttes d'*alkali volatil*, battues avec de
» l'huile d'olive. Quelques fecondes après,
» mon homme fe trouva mal jufqu'à perdre
» connoiffance; je le rappelai, en lui mettant
» le flacon d'alkali fous le nez, enfuite je lui
» en fis prendre cinq à fix gouttes dans un verre
» d'eau ; depuis, mon homme reprit fa gaieté
» ordinaire, & voulut envoyer chercher du
» vin, mais je le lui défendis. Je continuai
» mon même traitement le lendemain ; mais
» il ne voulut pas refter tranquille, & s'en fut
» moiffonner; il fatigua fa jambe fi fort, que
» la nuit d'après elle devint énorme, & avoit
» toutes les apparences d'une éryfipèle à la-
» quelle il étoit fujet ; mais elle n'eut pas de
» fuite, parce que je redoublai les dofes d'*alkali*
» *volatil*, & mis dans tous les environs des com-
» preffes imbibées d'eau de chaux. Tout cela fe
» termina heureufement; je me retirai avec les

» éloges & les acclamations de fa famille.

» J'ai guéri de la même manière, au mois
» de juin dernier, une fille de vingt-un ans, qui
» fut également mordue à la partie fupérieure
» interne & antérieure de la cuiffe, parce qu'elle
» s'étoit affife fur l'herbe. Tous fes parens étoient
» fort affligés de voir l'énormité de cette jambe
» & de cette cuiffe ; le venin s'étoit même
» répandu dans toute la capacité de l'abdo-
» men, de forte qu'on l'auroit prife pour une
» femme enceinte ; mais tout cela fut heureu-
» fement diffipé par l'*alkali volatil*, pris tant
» intérieurement qu'extérieurement.

» De même l'*alkali volatil* m'a également
» bien réuffi pendant trois fois que je l'ai em-
» ployé pour les maladies occafionnées par le
» lait, fur-tout pour ma fœur qui nourriffoit
» fon enfant. M'étant abfenté pour quelques
» jours, à mon retour je trouvai ma famille
» fort trifte, & ma fœur tourmentée par les
» plus vives douleurs qu'elle reffentoit à fon
» fein droit. Il étoit extrêmement dur, & en-
» flammé jufqu'aux glandes axillaires ; cela lui
» formoit une efpèce de ceinture qui l'empê-
» choit de refpirer, ne pouvant ni manger ni
» dormir. Dès que j'y eus mis de l'*alkali vo-*
» *latil*, le lait commença à fortir par le ma-

» melon, les douleurs s'appaisèrent, & elle
» s'endormit.

» Au printemps dernier, un gros mâtin en-
» ragé avoit mis en pièces deux cochons ap-
» partenans au fermier de M. le Comte d'An-
» teroche. Cet homme vint me prier de paſſer
» chez lui ; je leur fis d'abord laver les plaies
» avec de l'eau, parce qu'ils étoient tout en-
» ſanglantés ; enſuite je les leur lavai moi-
» même avec une eau alkaline très - forte ;
» je leur en fis avaler, & ordonnai qu'on ré-
» pétât la même choſe le lendemain. Les plaies
» furent bientôt cicatriſées ; &, quoique ce
» mâtin eût emporté preſque la moitié de la
» mâchoire inférieure à un, ils n'ont pas laiſſé
» que de bien profiter. Voilà, MONSIEUR,
» toutes les occaſions que j'ai eues d'employer
» l'*alkali volatil* dans l'eſpace de quinze mois.
» J'ai l'honneur d'être votre très-humble ſer-
» viteur, HAVADE, élève de M. Bucquet. »

EXTRAIT de la Gazette de France, du mardi 4 mai 1779.

De Carmona en Andaloufie, le 27 mars 1779.

» DANS le grand nombre des cures opé-
» rées par l'uſage de l'*alkali volatil fluor*, on

» croit devoir à l'utilité publique, le récit de
» trois guérifons qui, depuis peu, ont eu lieu
» dans cette ville.

» La première eft celle du frère Antonio
» de Sancta Terefa, carme déchauffé, dan-
» gereufement malade d'une cardialgie qui,
» ayant réfifté à tous les fecours ordinaires,
» avoit dégénéré en apoplexie convulfive, à
» laquelle le médecin de la maifon avoit dé-
» claré ne favoir aucun remède. Don Candide
» Trigueros, membre de l'académie royale des
» belles-lettres, & de la fociété des amis du
» pays de Séville, voyant le malade défef-
» péré, lui fit prendre quelques gouttes d'alkali
» volatil qu'il avoit extrait lui-même, & le
» râle ceffa auffitôt. Encouragé par ce premier
» fuccès, & de concert avec don Bernard
» Oviedo, médecin titulaire de cette ville,
» il donna au frère, en trois prifes, quinze
» gouttes du même alkali délayé dans un peu
» d'eau, & lui mit fur la partie de la tête qui
» répond au cerveau, des linges trempés dans
» le même alkali. Au bout de cinquante heures,
» le malade fut parfaitement rétabli, & il fe
» trouva entièrement délivré de fa douleur
» cardialgique, quoique auparavant il la fentît
» de temps à autre.

» La feconde a été celle d'un berger mordu
» au doigt par un chien enragé. L'hydrophobie
» commençoit à s'annoncer, lorfque le même
» don Candide Trigueros mit fur la morfure
» une compreffe trempée dans l'alkali, &, avec
» l'approbation de don Jofeph Mexia, des fo-
» ciétés de médecine & patriotique de Séville,
» ordonna au berger de boire pendant quatre
» jours douze gouttes d'alkali, délayées en
» trois onces d'eau; ce qui fit difparoître les
» fymptômes de la rage : la plaie s'eft depuis
» nettoyée & guérie.

» La troifième s'eft opérée fur don Ifidore
» Diaz, fils de don François Diaz d'Ojeda,
» chirurgien réformé des armées. Don Ifidore
» étoit attaqué d'une humeur lymphatique au
» cou, fuite d'une fluxion au cerveau; malgré
» les émolliens appliqués fur ce corps glandu-
» leux, il étoit devenu extrêmement dur. Le
» père, inquiet de cette ténacité de la glande,
» ajouta à fes cataplafmes fix gouttes d'*alkali*
» *volatil*, s'apperçut de quelque mieux, &
» alla jufqu'à dix gouttes, au moyen defquelles
» la tumeur diffoute n'a point reparu. On ob-
» fervera, dans les mêmes vues qui ont fait
» publier les trois faits ci-deffus, qu'on trouve
» dans toutes les pharmacies du pays, de l'*al-*

» kali *volatil*, fous le nom d'*efprit de fel am-
» moniac* ou de *bois de cerf;* mais que celui
» qui eft préparé fuivant la méthode du fieur
» Sage, eft préférable dans tous les cas; il fe
» vend en cette ville, avec l'inftruction impri-
» mée fur la manière de s'en fervir, & avec
» la traduction efpagnole du Traité de l'*alkali*
» *volatil fluor,* faite par le fieur Ortéga. »

EXTRAIT de la Gazette de France,
du mardi 27 juillet 1779.

De Carmona en Andaloufie, le 20 juin 1779.

» Un batteur de blé ayant été piqué au
» menton par une tarentule, pendant la nuit,
» on fut obligé de le tranfporter le matin à la
» ville, où les médecins ordonnèrent que,
» fans perdre de temps, on le fît adminiftrer,
» tant le danger leur parut preffant : il n'y
» avoit pas une articulation du corps de ce
» payfan, où il ne reffentît les douleurs les
» plus aiguës; cependant don Francifco Diaz
» d'Ojeda, déterminé principalement par l'in-
» dication de la nature acide du venin de la
» tarentule, fit appliquer des compreffes trem-
» pées dans l'*alkali volatil fluor* fur la piqûre,
» ainfi que fur toutes les articulations où le

» malade fentoit les plus vives douleurs. Ce
» chirurgien lui fit prendre de plus fix gouttes
» du même alkali, étendues dans deux onces
» d'eau commune ; &, voyant que le malade
» en étoit foulagé, il augmenta la dofe, & lui
» donna, dans une plus grande quantité d'eau ,
» jufqu'à quinze gouttes de cet alkali. Trois
» heures de ce traitement fuffirent pour faire
» difparoître les grandes fouffrances du batteur
» de blé, qui, à midi, mangea avec appétit.
» Une évacuation d'urine extraordinairement
» abondante étant furvenue , acheva tellement
» la guérifon du villageois , que deux jours
» après on l'a vu retourner à fon travail.

*Manière d'adminiftrer l'*Alkali volatil *dans la Rage.*

POUR le commencement du traitement, il faudra faire prendre, le matin & le foir, au malade, vingt gouttes d'*alkali volatil fluor* dans un verre d'eau, & mettre fur fa plaie des compreffes imbibées d'un mélange de fix parties égales d'eau , & une partie d'*alkali volatil.*

Le lendemain on donnera au malade dans un verre d'eau, feize gouttes d'*alkali volatil* le matin, & autant le foir; on entretiendra les compreffes fur la morfure.

Le troifième jour, on ne prendra que douze gouttes d'*alkali volatil* dans un demi-verre d'eau, matin & foir.

Le traitement de la rage n'exige point qu'on s'afferviffe à un régime marqué; il fuffira de ne point manger de fruits verts, & d'éviter l'ufage du vin & du vinaigre pendant les trois jours du traitement, parce que les acides pourroient détruire l'effet de l'alkali.

Si l'on confeille d'employer l'*alkali volatil* d'une manière autre que M. Sage a indiquée dans fa Differtation fur les propriétés de ce fel ammoniacal, c'eft que les cures récentes qui viennent d'être faites par le moyen de ce remède ont réuffi en en employant moins.

F I N.

www.ingramcontent.com/pod-product-compliance
Ingram Content Group UK Ltd.
Pitfield, Milton Keynes, MK11 3LW, UK
UKHW022217070726
13613UKWH00004B/1712